ChuGuoShu

手工DV

用果蔬拼盘
记录孩子的童年

聪明谷手工教室 编著

北京理工大学出版社
BEIJING INSTITUTE OF TECHNOLOGY PRESS

图书在版编目（CIP）数据

用果蔬拼盘记录孩子的童年/聪明谷手工教室编著.—北京：北京理工大学出版社，2015.3
（手工DV）

ISBN 978-7-5640-9957-2

Ⅰ.①用…　Ⅱ.①聪…　Ⅲ.①水果－拼盘－制作－儿童读物　②蔬菜－拼盘－制作－儿童读物

Ⅳ.①TS972.114-49

中国版本图书馆CIP数据核字(2014)第273531号

用果蔬拼盘记录孩子的童年

出版发行 / 北京理工大学出版社有限责任公司

社　　　址 / 北京市海淀区中关村南大街5号

邮　　　编 / 100081

电　　　话 / (010)68914775（总编室）
　　　　　　82562903（教材售后服务热线）
　　　　　　68948351（其他图书服务热线）

网　　　址 / http://www.bitpress.com.cn

经　　　销 / 全国各地新华书店

印　　　刷 / 北京彩和坊印刷有限公司

开　　　本 / 889毫米×1194毫米　1/24

印　　　张 / 8

字　　　数 / 335千字

版　　　次 / 2015年3月第1版　2015年3月第1次印刷

定　　　价 / 30.00元

责任编辑 / 申玉琴

文案编辑 / 申玉琴

责任校对 / 孟祥敬

责任印制 / 边心超

前言 PREFACE

　　童年是人生中最单纯快乐的时期，充满有趣的游戏和无休止的好奇。

　　现在的家长总是对孩子的未来忧心忡忡。家长本着一定要让孩子"赢在起跑线上"的信念，花费大量的精力、时间和金钱，带着孩子忙碌地奔波在各种兴趣班、辅导班之间，以为让孩子学习更多的知识，给孩子提供更好的物质条件，就等于给孩子创造了一个美好的未来。

　　如今，越来越多的孩子承受了本不该是童年时期要承受的压力，他们也许已不再需要任何玩具和伙伴，忙碌的学习和手机、ipad等电子产品就能让他们度过一个喧嚣、刺激、仓促而短暂的"华丽"童年。

　　现在的孩子太累了，他们过早地体验了激烈而残酷的竞争，过早地步入了成人的世界。这些，让他们过早地出现了与生理年龄不相符的性格特征。教育家卢梭曾经说过："让孩子像孩子一样生长，这就是儿童之福，这就是成功的希望。"因此，孩子有权利慢慢度过自己快乐的童年。

　　说起童年，首先想到的是什么呢？玩，当然是玩。爱玩是大自然赋予孩子的天性，孩子就是要在游戏中学习，在游戏中成长。手工制作就是一种非常益智的亲子互动游戏。家长可以利用各种手工制作来帮助孩子开动脑筋、提高动手能力、培养审美情趣，教会孩子一些生活中的道理。同时，孩子可以在手工制作中体会到父母浓浓的爱，尽情享受童年的快乐时光。

　　为了用手工形式记录童年的美好生活，用手工作品留存童年的点点滴滴，我们根据市场需求和广大家长的要求，编写了《手工DV》系列丛书。本套丛书共8册，每册都有明确的针对性，家长可以根据孩子的兴趣自由选择。本套丛书语言简洁明了，每个手工制作都是编写人员精心挑选的，步骤详细，配图清晰，易教易学，具有很强的实用性、观赏性，定会让家长与孩子的亲子时光趣味盎然。

❶ 用黏土记录孩子的童年　　　　❷ 用软陶记录孩子的童年

❸ 用魔法玉米记录孩子的童年　　❹ 用折纸记录孩子的童年

❺ 用创意包装记录孩子的童年　　❻ 用创意画记录孩子的童年

❼ 用果蔬拼盘记录孩子的童年　　❽ 用饰品制作记录孩子的童年

具体来说，本套丛书具有如下特点：

1. 分类明确，简单易学。本套丛书内容简洁明了、有针对性，方便家长根据孩子的兴趣爱好自由选择。每个手工制作都配有精美的成品效果图、步骤详解图及详细的操作说明，能让孩子在最短的时间内，用最简单的方法学会自己喜欢的手工。

2. 材料易得，成品美观。本套丛书中的手工制作，使用的材料简单易得，有的甚至在我们日常生活中随处可见，但制作出的成品十分美观，能为我们的生活增添无穷乐趣，提高我们的生活品位。

3. 制作精良，适用广泛。本套丛书由一批专业人员精心编排，每一本书都是他们的诚意之作。丛书内容不仅适合家长与孩子的亲子互动，而且适合上班族培养业余爱好。如果您是一位追求生活品质的人，相信其中的折纸、软陶、创意包装、黏土、魔法玉米等系列定能让您的生活锦上添花。

希望本套丛书能陪伴孩子度过快乐的童年时光，希望孩子能用手工作品记录童年亲子互动时光的欢声笑语。同时，也希望每一位使用这套丛书的朋友都能合理安排自己的空闲时间，在手工制作中收获乐趣！

编　者

目 录 CONTENTS

PART 1 工具与材料介绍及制作注意事项

PART 2 果蔬拼画

PART 3　趣味十二生肖

PART 4　幽美小景

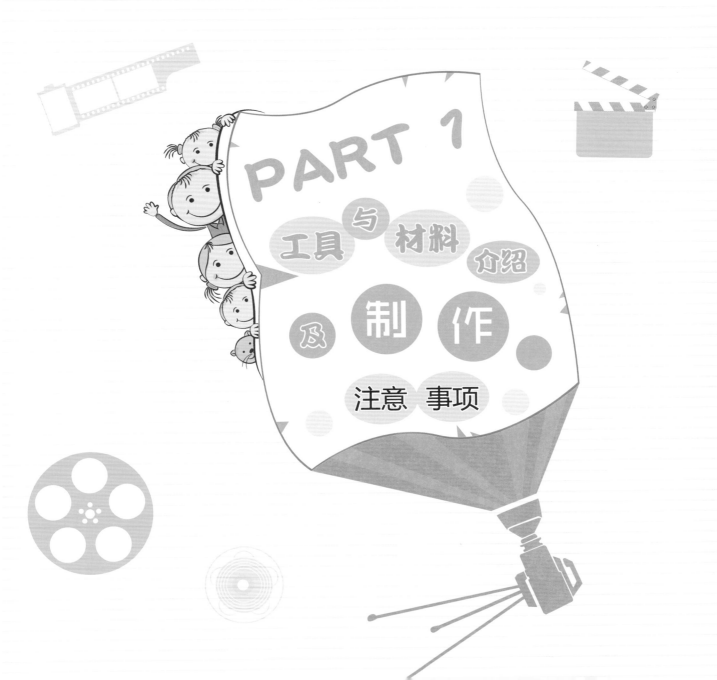

PART 1

工具 与 材料 介绍

及 制 作

注意 事项

一、工具介绍

1．水果刀和雕刻刀

水果刀：处理大体形状、切开、切片用。

雕刻刀：处理细小部位，修整形状，镂空使用。

2．挖球器

主要有直径为1.5 cm、2.2 cm、2.5 cm、3.0 cm以及椭圆形挖球器。

用于制作圆形、半圆形、椭圆形、弧形和挖洞

3．雕塑工具

包括大、中、小三种雕塑工具。

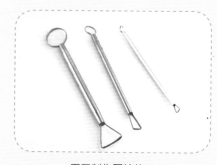

用于制作圆柱体

4. 多功能擦丝器

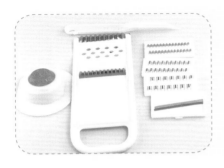

多功能擦丝器可用于擦片、擦丝、擦网格花、切波浪条等。

用于擦片

用于擦丝

用于擦网格花

用于切波浪条

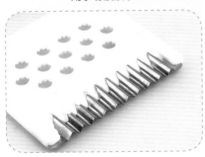

用于锯齿边

用于护手，保护手使用

5. 牙签

用于连接

6. 削皮刀

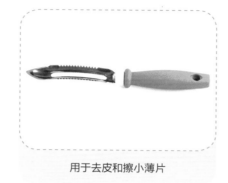

用于去皮和擦小薄片

7. 剪刀

用于剪出薄片的不规则形状

8. 饼干模具

各种形状的饼干模具，用于制作复杂的形状

9. 案板

10. 筷子

二、水果、蔬菜介绍和制作注意事项

1. 苹果

青苹果

苹果果肉很脆，易切开，但果肉很容易氧化，切开后需在盐水中浸泡处理。

2. 梨

水晶梨

丰水梨

梨的水分多，质地脆，果肉也容易氧化，切开后需在盐水中浸泡处理。

3．葡萄

无籽青提

玫瑰香葡萄

无籽红提

巨峰葡萄

葡萄的品种很多，大小和形状也有所不同，如玫瑰香葡萄呈圆球状，颗粒相对较小；巨峰葡萄颗粒较大；无籽红提和无籽青提呈椭圆形。葡萄颜色非常丰富，有绿色、红色、紫色等，虽然表皮颜色差距很大，但果肉颜色都是透明的绿色，非常漂亮。

由于葡萄的品种不同，各种葡萄的皮和果肉的紧密度也不一样，玫瑰香葡萄、巨峰葡萄皮厚又有韧性，果肉含水量大，皮和果肉很容易分开，不适宜切片处理；无籽红提和无籽青提果皮很薄，果肉比较硬挺，皮和果肉紧紧连在一起，适宜切片。

4. 小西红柿

串黄

千禧

串红

小西红柿的种类很多，大型的有串黄和串红，小型的有千禧。千禧的水分很多不宜多次分切。

5. 西瓜

西瓜的水分多，果肉又脆又沙，但制作时最好不要选择沙瓤西瓜，因为沙瓤的西瓜果肉很容易碎掉。

6. 哈密瓜

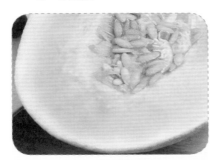

哈密瓜果肉很脆且富有韧性，容易切割造型，但是中间有长籽的很大一部分无法使用，因此，制作时要注意如何切才能得到想要的大小。

7. 甜瓜

甜瓜果肉清脆且很容易切开，但中心大部分都是瓜籽，可用果肉的厚度仅有1~2 cm。

8. 芒果

芒果果肉黏滑，果肉与果核不易分开，因此，不适宜切开造型。

9. 黄瓜

黄瓜果肉清脆且富有韧性，易削切处理且不易折断，适用性很广，但放久后容易脱水变软。

10. 西兰花

西兰花的绿色点状小花，非常适合做背景树和草地。

11. 菜花

菜花的形状像天上的云朵，适用于制作绵羊身上的毛。

12. 茄子

茄子皮是一种很好的深色片状材料。

13. 红薯（紫薯）

红薯的造型能力很好，制作时不易变形，用水泡着也不会出现氧化和萎缩现象。注意制作时最好不要选择接近皮部分的红薯肉，因为其泡水后会出现变形、分离等问题。

14. 土豆

土豆的造型能力也很好，不易变形，很容易切开，就是很容易氧化变色，所以制作时要先泡水处理。

15. 胡萝卜

胡萝卜是一种颜色鲜艳的素材，质嫩而脆。胡萝卜的纹路是从中心发散分布，切和扎的过程中可能开裂。

16. 南瓜

南瓜又称为太阳瓜、迷你南瓜或小南瓜。中间大部分是空的，皮和果肉很薄，适合镂空处理。
南瓜的果肉很硬，但是熟透了的则很软，更容易切开，同时，切开后的南瓜很容易风干萎缩变形。

17. 金针菇

金针菇头上顶着小小菇伞，适合做草丛中的小花。

18. 苋菜

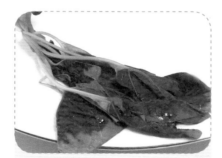

苋菜有着独特的颜色，是一种非常好的用来装饰森林、草地的材料。制作时要注意保存，隔一段时间须撒一些水，以保持苋菜新鲜。

19. 萝卜

白萝卜雪白透明，质地清脆，不易氧化，是用作雕刻的好材料。

三、装饰性材料

沙拉酱

各种容器

巧克力

果丹皮

鸡蛋壳

干黄花

海苔

荔枝叶

番茄酱

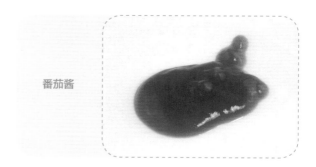

PART 2

果蔬拼画

可爱女孩

沙拉酱、芒果、串黄小西红柿、千禧小西红柿、玫瑰香葡萄

案板

水果刀

1. 制作前将所有水果洗好，然后将芒果削皮后刨开并切成碎片，取出一个串黄西红柿并切成片状，取几个千禧小西红柿分别切成两瓣，葡萄若干粒。
2. 将芒果碎片摆成一个圆圈。

3. 将串黄西红柿片由小到大再到小依次摆好。
4. 将切好的千禧小西红柿在串黄西红柿外侧摆好。
5. 将小葡萄按图所示插空摆好。
6. 在西红柿和葡萄中间的位置再摆上一层葡萄。

1

2

3

4

5

6

7. 将沙拉酱挤在水果的中间并将其抹平。

8. 挑选两粒形状相似的葡萄，摆出小女孩的眼睛。

9. 将干禧小西红柿切片后，摆出小女孩的衣服。

10. 将一粒玫瑰香葡萄切开后摆出两颗扣子，可爱小女孩就拼好了。

7

8

9

10

蝶舞花丛

玫瑰香葡
萄、无籽红
提、无籽青提

海苔

剪刀

水果刀

案板

跟我一起做

1. 将红提切片。
2. 将玫瑰香葡萄对半切开。
3. 像红提一样将青提切片。
4. 在盘中的下半部分如图交叉拼出花的海洋。

1

2

3

4

5. 在盘子的上方拼一朵红色的花朵。

6. 将海苔剪成细条状，摆出花朵的茎。

7. 在花朵间的空白处，用红提的切片如图拼出蝴蝶的翅膀，再用海苔细条摆出蝴蝶的触角。

8. 这样，蝶舞花丛就拼好了。

5

6

7

8

鱼与鱼骨

串黄小西红柿、玫瑰香葡萄、无籽红提、无籽青提

案板

水果刀

跟我一起做

1. 将串黄小西红柿如图呈"V"形切开。
2. 切出鱼头的形状。
3. 余下的部分切出个三角形。
4. 然后将其分成两半，把中间的芯去掉。

5. 将剩下的串黄小西红柿的头分开，将芯去掉，两条鱼的鱼头和鱼尾就做好了。
6. 将无籽青提和无籽红提如图切成圆片，将玫瑰香葡萄从中间分成两半。

1

2

3

4

5

6

7. 将葡萄片一层层叠起。

8. 摆成如图所示的样子，作为鱼身。

9. 将红提头部的圆片选出四片。

10. 摆出鱼头与身子连接部分的鱼鳞。

11. 在盘子的下方用玫瑰香葡萄摆出一条弧线。

12. 将做好的鱼头和鱼尾如图摆好。

13. 取两瓣玫瑰香葡萄，摆出两条鱼的眼睛。

14. 这样，一条鱼和一条鱼骨就拼好了。

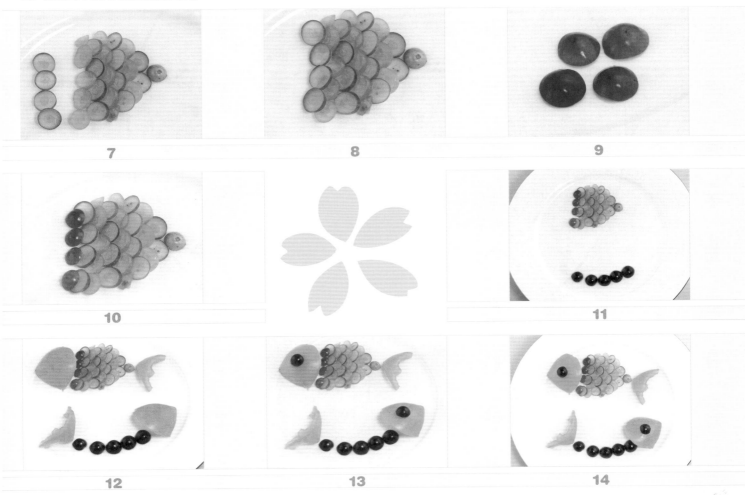

7

8

9

10

11

12

13

14

可爱狮子

材料及工具介绍

哈密瓜、无籽青提

水晶梨

海苔

花型饼干模具

水果刀

案板

剪刀

跟我一起做

1. 切取一片哈密瓜和两片梨。
2. 取出花型饼干模具。
3. 压出一片花形的哈密瓜片。

4. 用略大的梨片切出狮子的身体和四肢。
5. 将模具当作狮子的头，在狮子身体上摆好，然后压下。
6. 去除多余的梨片。

1 2 3

4 5 6

7. 用工具切出两个水滴形。

8. 这样，狮子的耳朵就做好了。

9. 将小的梨片切成一个小椭圆形做狮子的脸。将哈密瓜切出一条狮子的尾巴。将狮子的头如图组合起来。

10. 用海苔剪出两个菱形的眼睛，如图贴在狮子的脸上。

11. 将无籽青提如图切成片。

12. 将狮子的头、身子还有尾巴拼好，再用葡萄片做出草丛的装饰。可爱的狮子就拼好了。

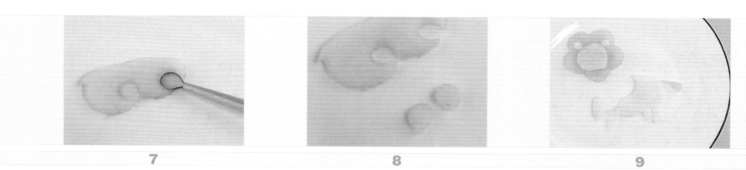

7　　　　　　　　　8　　　　　　　　　9

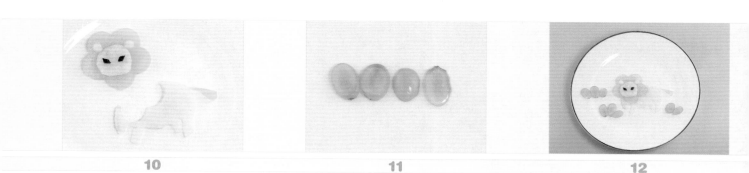

10　　　　　　　　　11　　　　　　　　　12

跳舞姑娘

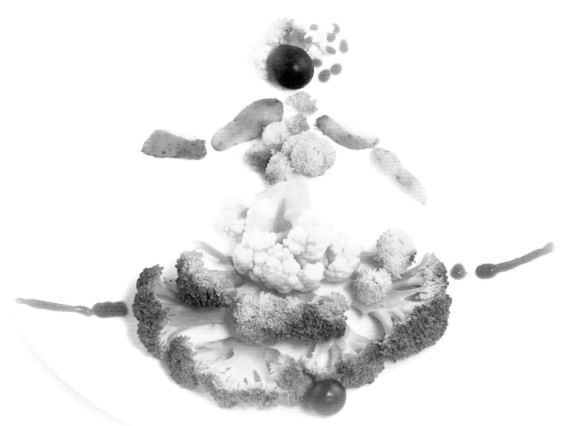

材料及工具介绍

西兰花、菜花、玫瑰香葡萄、土豆皮

番茄酱

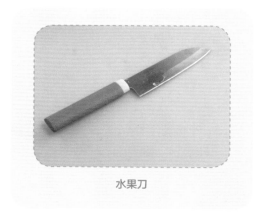

水果刀

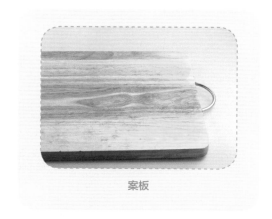

案板

跟我一起做

1. 将切成片的西兰花如图摆出一个弧度。
2. 在上面加一层西兰花。
3. 将切好的菜花如图摆在西兰花上面，裙摆就摆好了。
4. 将一些西兰花如图堆出裙子的上半部分。
5. 用土豆皮摆出姑娘的胳膊。

6. 用玫瑰香葡萄摆出姑娘的头和一只鞋。
7. 用一些体积较小的西兰花和菜花做姑娘的头发和装饰。
8. 用番茄酱点缀姑娘头上的装饰。
9. 用番茄酱画出姑娘跳舞的平台，跳舞姑娘即完成了。

1

2

3

4

5

6

7

8

9

034

长颈鹿

材料及工具介绍

哈密瓜、玫瑰香葡萄、无籽红提、无籽青提

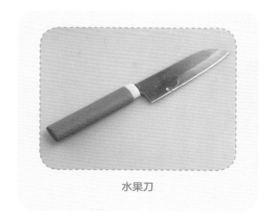

水果刀

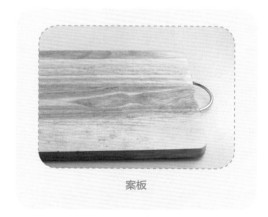

案板

1. 将哈密瓜切片。

2. 在一片哈密瓜上，用牙签画出长颈鹿的形状。

3. 按长颈鹿的形状将其切下。

4. 将红提和玫瑰香葡萄分别切成两个半圆。

5. 将红提切成片备用。

6. 将无籽青提也切片，并将一粒红提切碎。

1

2

3

4

5

6

7. 将半圆的红提和玫瑰香葡萄如图摆成一条直线。

8. 用海苔剪出两只长方形的眼睛，并将其如图贴好。

9. 将切碎的红提放在长颈鹿的身上，摆出长颈鹿身上的斑纹。

10. 将葡萄片如图摆出长颈鹿右上方的树叶。

11. 用葡萄片摆出长颈鹿左下角的草丛。

12. 这样，长颈鹿拼盘就做好了。

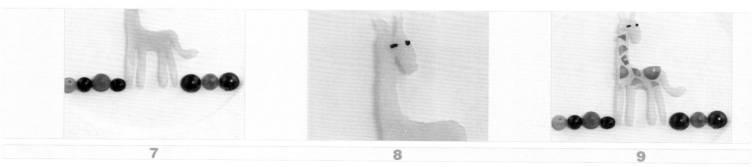

7　　　　　　8　　　　　　9

10　　　　　11　　　　　12

小兔骑车

水晶梨、串黄小西红柿、串红小西红柿、玫瑰香葡萄、无籽红提、无籽青提

海苔

剪刀

水果刀

案板

跟我一起做

1. 如图所示，将串黄、串红小西红柿及梨切片，并将葡萄对半切开。

2. 取出两瓣红提，如图摆好并切开。

3. 将其重新组合，拼出一朵小花和一个桃心。

4. 取出一片梨，在梨上画出小兔子的头。

5. 用雕刻刀将小兔子的头切下来。

6. 将串红小西红柿如图切出一件小背心。

1

2

3

4

5

6

7. 将小背心与兔子头合在一起。

8. 用海苔如图做出兔子的眼睛和嘴巴，然后将半粒红提分半做耳朵的装饰，再用红提切出一小片兔子的脖子。

9. 将兔子的眼睛、嘴、耳朵、脖子如图拼合好，兔子的头就做好了。

10. 取出一些红提并将其如图切片。

11. 用红提片摆出兔子的胳膊和腿。

12. 取一片串黄小西红柿片，然后将其对半切开，做出自行车的车筐。

7

8

9

10

11

12

13. 将自行车的两个车轮和车筐如图摆放在盘子中。

14. 如图准备出各种葡萄制作的小桃心、小花和两个半圆的自行车装饰。

15. 将第14步左侧的两列小桃心如图放进车筐里。

16. 将剩下的绿色小桃心拼成3棵四叶草，装饰在盘子的四周。

17. 将3朵小花如图摆放好。

18. 将拼好的小兔子放在自行车上，再用海苔条示意出路面。

13   14   15

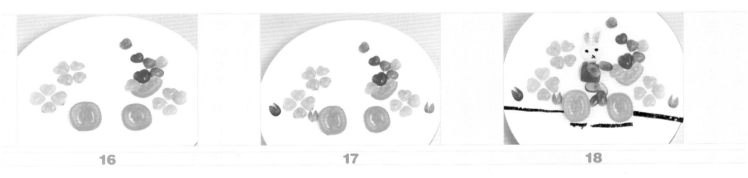

16   17   18

19. 将小兔子外侧的腿取下，用海苔条如图拼出自行车的骨架。

20. 将外侧的腿原样放回。

21. 用海苔给小花做出花茎和叶子。

22. 小兔骑车的拼盘就完成了。

19

20

21

22

西兰花风景画

材料及工具介绍

西兰花、菜花、土豆皮

水果刀

案板

跟我一起做

1. 将菜花和西兰花如图切出大小不同的枝杈，再选出一些大小不同的西兰花叶子，备用。
2. 用土豆皮如图贴出地面。

1

2

3

3. 将叶子多余的长茎裁掉，做出远处的树的样子。
4. 将菜花切成片状，如图摆好，做出开满花朵的树。
5. 将西兰花切成片状，如图摆好，做出低矮的灌木丛。
6. 准备一些西兰花的碎屑。
7. 将西兰花的碎屑撒在地面和树木的交界处，做出小草的感觉。
8. 这样，西兰花风景画就完成了。

4

5

6

7

8

黄色郁金香

材料及工具介绍

丰水梨、小青苹果

海苔

筷子

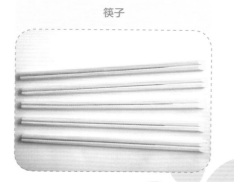

水果刀

案板

1. 将丰水梨切出四个图中的形状。

2. 将两支筷子如图放在梨的两边。

3. 如图用刀切出筷子厚度的梨片（因为有筷子在下方放着，所以一刀切下不会将梨切断）。

4. 将切过一刀的梨平放。

5. 切筷子厚度的片。

6. 这样就得到一个"L"形的梨片。

1

2

3

4

5

6

7. 将切完"L"形梨片后，剩下的梨如图放好。

8. 按第3~6步的方法再切"L"形梨片。

9. 切出一片即可。

10. 用第3~6步的方法切出4块丰水梨和5块青苹果。

11. 取出切好的梨块，将其如图错位摆放出一片花瓣。

12. 两片花瓣对称摆放，郁金香的花朵就成型了。

13. 青苹果如图错位摆放，摆出一片片叶子。

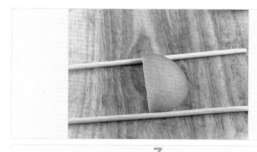

7

8

9

10

11

12

13

14. 将花朵和叶子隔开一段距离摆放。

15. 剪一段海苔条作为花茎进行连接。

16. 再摆出一朵，一对黄色郁金香就拼好了。

14

15

16

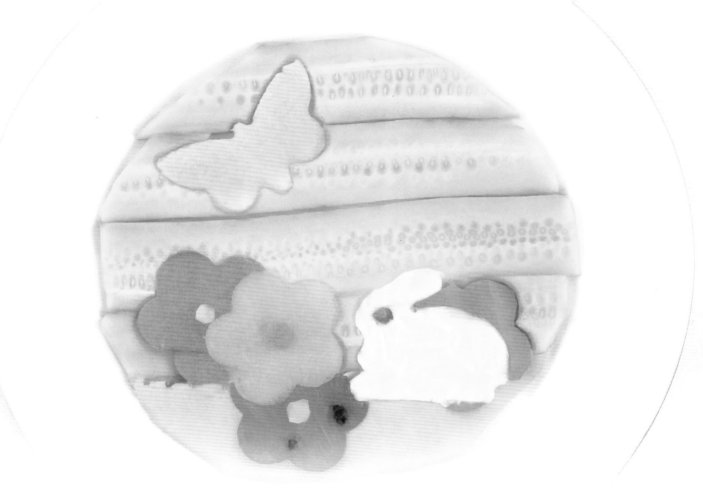

兔子与蝴蝶

哈密瓜

西瓜

黄瓜

胡萝卜

沙拉酱

花朵、兔子、蝴蝶饼干模具

水果刀

案板

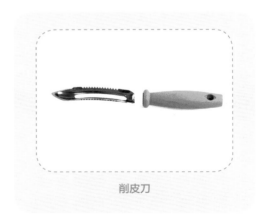

削皮刀

跟我一起做

1. 切出一段与盘子中间圆的直径一样长的黄瓜。

2. 将黄瓜的皮削去。

3. 将黄瓜如图切片，选出四片比较平整的黄瓜片，平铺好。

4. 按照盘子中心圆圈，将黄瓜裁成半圆形。

5. 切一块与盘子中圆的空白处的大小一样的哈密瓜片并铺好，背景就铺好了。

6. 用花朵和蝴蝶的饼干模具压出花朵和蝴蝶的形状。

1 2 3

4 5 6

7. 将胡萝卜切成片，如图摆放好。

8. 用花形饼干模具压出两朵小花。

9. 将背景上压出的花朵和蝴蝶去掉，将胡萝卜压出的两朵小花如图嵌入背景中。

10. 切出一片大于小花饼干模具的西瓜片。

11. 用小花饼干模具压出一朵西瓜小花。

12. 准备一片大于蝴蝶饼干模具的哈密瓜片。

7   8   9

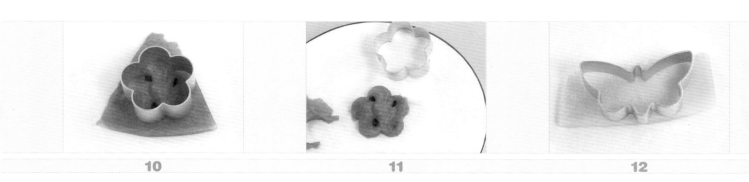

10   11   12

13. 用蝴蝶饼干模具压出一只蝴蝶。
14. 将西瓜小花和蝴蝶放入相应的图形中。
15. 用小花饼干模具在左侧两朵小花上找出第三朵小花的位置，压出小花的形状。
16. 将小花去掉。
17. 切一片哈密瓜片并用小花饼干模具压出一朵哈密瓜小花。
18. 将小花嵌入背景中。

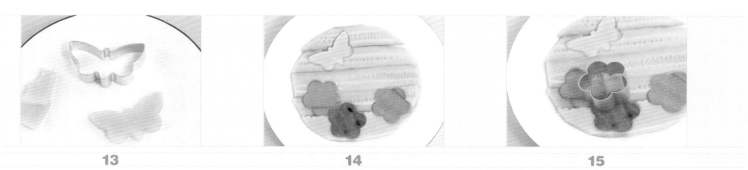

13　　　　　　　14　　　　　　　15

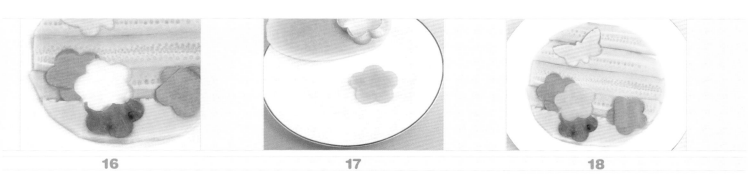

16　　　　　　　17　　　　　　　18

19. 如图所示，放好兔子形的模具。

20. 压出一只兔子的形状。

21. 用黄瓜、胡萝卜和哈密瓜做出3片小圆片，放在三朵花的中间当花芯。

22. 将沙拉酱挤在兔子形状中。

23. 做出一个西瓜的小圆片，放在兔子眼睛的位置。

24. 兔子与蝴蝶的水果画就拼好了。

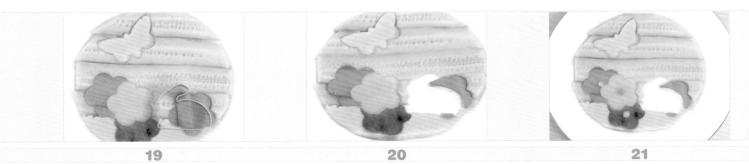

| 19 | 20 | 21 |

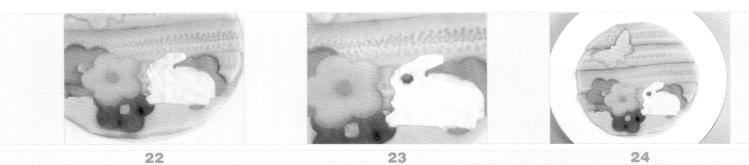

| 22 | 23 | 24 |

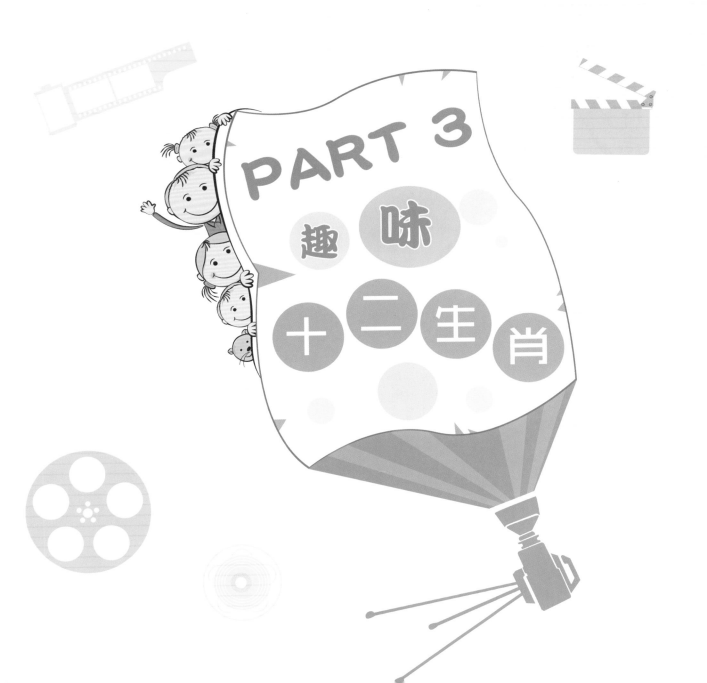

PART 3

趣 味

十 二 生 肖

鼠儿们的游戏场

材料及工具介绍

西兰花、巨峰葡萄、玫瑰香葡萄、茄子、南瓜、沙拉

水果刀

案板

牙签

雕刻刀

剪刀

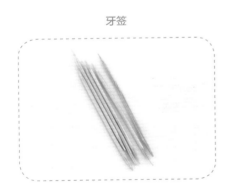

1. 将巨峰葡萄如图切开，用于制作老鼠的身子。
2. 将玫瑰香葡萄如图切开一条缝隙。
3. 用茄子皮剪出老鼠的耳朵和尾巴。
4. 将耳朵插进玫瑰香葡萄的缝隙中，老鼠头的形状就做好了。
5. 将牙签掰成小段插进头中。

6. 将插好牙签的头与身子连接。
7. 将尾巴摆放在身子后面。一只老鼠就做好了。
8. 用第1~4步的方法做出另一只老鼠的头和尾巴，制作钻洞的小老鼠。
9. 用沙拉酱点出第一只老鼠的眼睛，老鼠就做好了。

1

2

3

4

5

6

7

8

9

1. 用雕刻刀在南瓜上挖几个洞。
2. 完成的洞如图所示。
3. 将挖好洞的南瓜放在盘子中。
4. 将西兰花切成一小簇一小簇的，备用。
5. 用切好的西兰花装饰出绿色的草丛。

6. 将一条老鼠的尾巴用牙签固定在最下面的洞的上方，让尾巴垂下。
7. 将准备好的老鼠头放进南瓜上面的洞中。
8. 将组合好的小老鼠如图放入盘，给南瓜上的老鼠们点上眼睛，鼠儿们的游戏场就完成了。

1

2

3

4

5

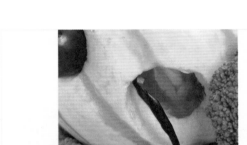

6

7

8

戏水小牛

西兰花、茄子、土豆皮、巨峰葡萄

沙拉酱

案板

水果刀

雕刻刀

剪刀

1. 用剪刀将茄子皮剪出两个圆形和一个椭圆形，用来组成水牛的身子，再剪出牛角和耳朵。

2. 将玫瑰香葡萄如图切出一个平面。

3. 在葡萄顶上斜切出一条缝隙。

4. 在缝隙的两侧各扎一条小缝隙。

5. 将准备好的耳朵插入两侧的小缝隙中。

6. 将准备好的牛角插入头顶上的缝隙中。

7. 将组合身体的三部分如图组合，将头离开身子一小段距离，这样就做出了半露出水的头和露出水的一部分脊背以及牛的一部分胯部。

8. 用沙拉酱点出小牛的眼睛和犄角上的纹路。

1

2

3

4

5

6

7

8

1. 将西兰花分解成一簇簇的。
2. 将比较高的西兰花插上牙签。
3. 切下几段西兰花的茎。
4. 将西兰花插在茎上，使西兰花高一些。
5. 将比较矮的西兰花堆在一起，做出灌木丛。

6. 用土豆皮铺出小路。
7. 在小路的另一边也摆一些西兰花。
8. 在水边和小路边上撒一些碎西兰花，作为浮萍。
9. 将小牛摆入盘中，戏水小牛就拼好了。

1

2

3

4

5

6

7

8

9

草丛中的老虎

红薯、黄瓜、巧克力、果丹皮

水果刀

案板

雕刻刀

挖球器

牙签

剪刀

老虎的制作步骤

1. 用直径为3.0 cm的挖球器在红薯上挖出一个半圆出来。
2. 在半圆上标记出老虎眼窝和鼻子的位置（用牙签标记即可）。
3. 用雕刻刀按画好的位置刻开。
4. 将眼窝削掉。
5. 切出一大两小共三个三角形，准备制作老虎的耳朵和鼻子。
6. 将最大的三角形红薯用最大号圆圈工具如图削出个弧面。

1

2

3

4

5

6

7. 做出一面圆弧，一面尖角的形状。

8. 在半圆形红薯老虎鼻子的位置插上牙签。

9. 将有圆弧的三角形的圆弧面与鼻子的位置相连接。

10. 用雕刻刀如图削出老虎鼻子的大体形状。

11. 标记出老虎鼻翼和鼻孔的位置。

12. 将鼻翼切出。

7   8   9

10   11   12

13. 在鼻孔下方画出嘴巴的位置。
14. 用刻刀刻出鼻孔，将嘴巴凹进去的部分切掉。
15. 准备一片红薯做老虎的下巴。
16. 将下巴放入之前切掉的凹槽中，并用牙签固定住。
17. 标记出老虎的眼睛。
18. 用雕刻刀将眼睛挖出两个坑。

| 13 | 14 | 15 |

| 16 | 17 | 18 |

19. 切出一片厚一点的红薯片，如图将其一边切出弧度后，标记出老虎的毛发。
20. 用刻刀切出毛发。
21. 将厚的毛发片分成两片薄片。
22. 用牙签将切好的毛发固定在老虎头的一边。
23. 将另一边的毛发也固定好。
24. 取出准备制作耳朵的两块红薯。

19

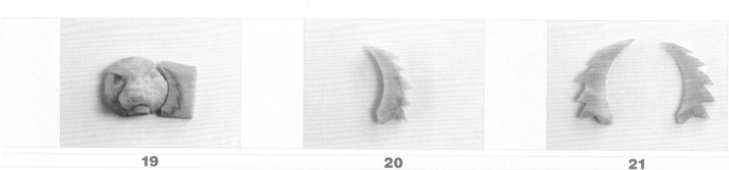

20

21

22

23

24

25. 如图摆放，将耳朵中间的棱削圆滑。

26. 都削圆滑后，将其中一只耳朵的中间削去。

27. 将另外一只耳朵的中间也削去，两只耳朵就做好了。

28. 如图所示，用牙签固定好。

29. 老虎头的形态就做好了。

30. 切出一个与大号圆圈工具直径一样的正方条，并用大圆圈工具扣出一个圆。

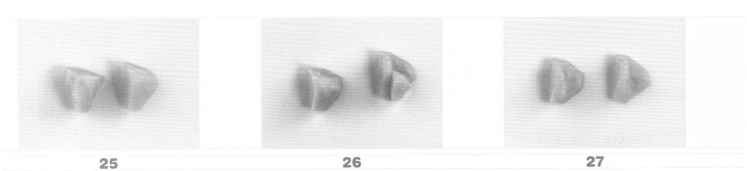

25　　　　　　　　26　　　　　　　　27

28　　　　　　　　29　　　　　　　　30

31. 如图所示，用大号圆圈工具将四周多余的红薯削下去。

32. 形成一个圆柱形。

33. 将红薯削出四个长度不同的圆柱形。

34. 将最短的那根圆柱形的一端切出一个弧度，最长的一根两端都切出弧度。

35. 如图用牙签将其连接好。

36. 如图所示，将脖子部位的两侧削下去一些。

31

32

33

34

35

36

37. 削出一块红薯。

38. 将其放在脖子上方，让脖子做出一个转折。

39. 插上牙签固定好。

40. 将老虎头插在脖子上。

41. 用中号圆圈工具做出三个圆柱形，并将短的两个圆柱形如图切出弧度。

42. 将长的圆柱形如图斜着切开。

37

38

39

40

41

42

43. 用牙签如图连接好。

44. 与身子连接做出老虎的两条前腿。

45. 如图所示，再削出一个圆柱形，并准备一块"S"形的红薯。

46. 用小号圆圈工具削"S"形的红薯。

47. 这样，尾巴就做好了。

48. 将圆柱形斜着切开。

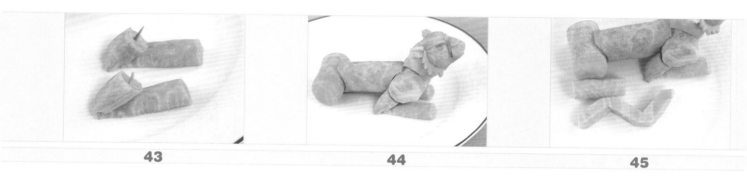

43　　　　　　　　　　44　　　　　　　　　　45

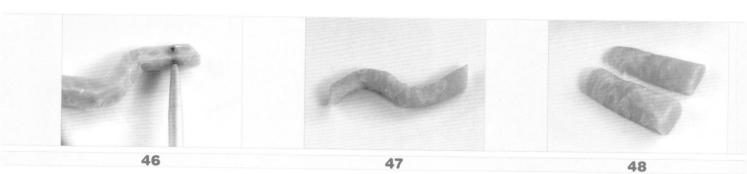

46　　　　　　　　　　47　　　　　　　　　　48

49. 用牙签连接老虎的后腿。

50. 用牙签将老虎的尾巴固定住。

51. 用果丹皮切出两只眼睛，再准备两段小牙签。

52. 将眼睛扎入挖好的眼窝中。

53. 用热水将巧克力溶化。

54. 用溶化后的巧克力给老虎画上斑纹，老虎就做好了。

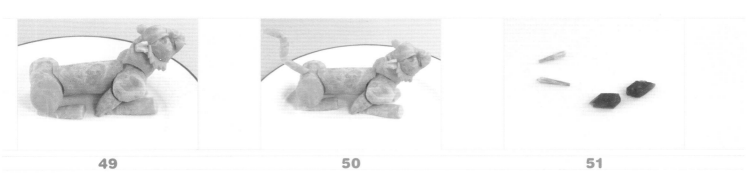

49   50   51

52   53   54

1. 削出一些红薯皮。

2. 将其如图摆放整齐。

3. 将黄瓜切成长短不同的黄瓜段。

4. 切出小草的形状。

5. 将黄瓜纵过来切片。

6. 这样就可以做出很多的小草了。

7. 用小草围绕着红薯皮摆成草地。

8. 将老虎放在中间，草丛中的老虎就拼好了。

1

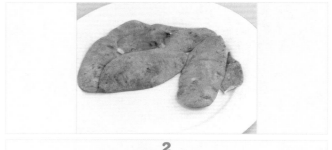

2

3

4

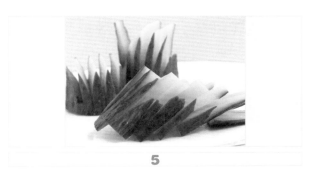

5

6

7

8

狡兔小窝

材料及工具介绍

西兰花、菜花、玫瑰香葡萄、饼干模
具、荔枝叶子、沙拉酱、千禧小西红柿

水果刀

案板

饼干模具

1. 将千禧小西红柿如图切开。
2. 将切下来的小片做出兔耳朵。
3. 在另一半千禧小西红柿身上切开一个缝隙。
4. 将兔耳朵插入缝隙中。
5. 用沙拉酱点出兔子的眼睛，小兔子就做好了。

1

2

3

4

5

1. 将菜花和西兰花如图分成一簇簇的。

2. 将饼干模具如图摆在盘中。

3. 将西兰花如图堆在模具周围。

4. 在模具上方盖一层西兰花。

5. 用一些小西兰花填充缝隙。

6. 将菜花如图插在西兰花中间做点缀。

7. 将荔枝叶子如图插好做装饰。

8. 用葡萄在洞口前做装饰。

9. 将兔子如图摆入盘中，狡兔小窝就完成了。

1

2

3

4

5

6

7

8

9

飞龙出海

材料及工具介绍

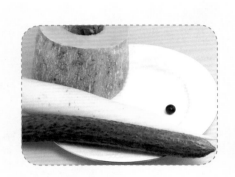

南瓜、萝卜、黄瓜、玫瑰香葡萄

雕刻刀

牙签

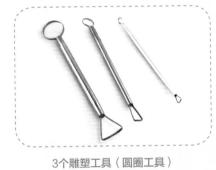

3个雕塑工具（圆圈工具）

水果刀

案板

剪刀

龙 的 制 作 步 骤

1. 将南瓜削皮后如图切好。
2. 将弧形南瓜切成宽3.0 cm的3个弧状南瓜条。
3. 用大号圆圈工具将南瓜条的四棱削去。

4. 形成弧状的圆柱体。
5. 将3个弧状南瓜条都削成圆柱。
6. 将两根圆柱如图对齐形成"S"形。

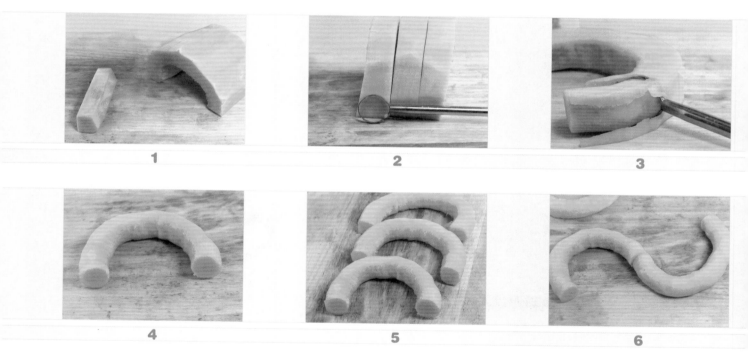

7. 用牙签将连接的部分进行固定。

8. 用冰棍棒做出一个平面（冰棍棒可以用其他物品代替，只要能确定标记出的角度是平面即可）。

9. 用刀根据这个平面的角度，将南瓜条切开。

10. 剩余的南瓜要留着备用。

11. 切开后就可以让"S"形的南瓜条如图立放。

12. 将切成方形的南瓜条切厚片。

13. 在厚片上用牙签画出龙身上的鬃毛。

7

8

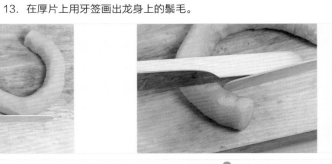

9

10

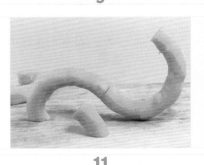

11

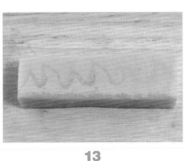

12

13

14. 用雕刻刀将画好的龙的鬃毛刻出来。

15. 将厚片切成薄片。

16. 用雕刻刀在"S"形龙的身体背部刻出一个槽。

17. 将鬃毛薄片如图插入槽中。

18. 用雕刻刀将龙尾巴上的毛刻出来。

19. 尾巴头部削尖一些后，同样挖槽，将龙的鬃毛和尾巴上的毛插入槽中。

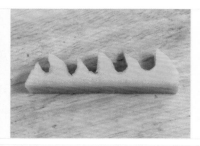

14

15

16

17

18

19

20. 将最后一块弧形圆柱体的一端如图切下。
21. 如图切开。
22. 将上半部分如图切掉一个小角。
23. 将其拼在一起时，张开的龙嘴就做好了。
24. 将上半部分直角的一端如图切出一个台阶，准备制作鼻子。
25. 下半部分直角部分切成斜面。

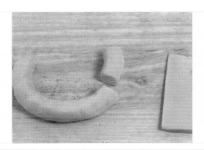

20

21

22

23

24

25

26. 用大号圆圈工具如图将两部分的两侧都切成弧度。

27. 用雕刻刀画出牙齿的位置。

28. 将牙齿内口腔的部分切掉。

29. 用雕刻刀如图将牙齿切成锯齿状。

30. 这样，龙的牙齿就完成了。

31. 将准备制作鼻子的部分如图处理，龙的鼻子就做出来了。

32. 准备一块小圆柱形的白萝卜和一片南瓜。

26

27

28

29

30

31

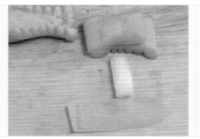

32

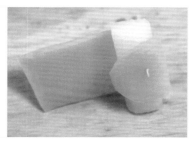

33

33. 用南瓜将萝卜包裹住。

34. 如图插在鼻子后面。

35. 将上、下颌连接起来。

36. 准备龙角和脸颊。

37. 将龙角插好。

38. 将龙的脸颊装好并用牙签固定住。

39. 如图做出一对龙头部的鬃毛。

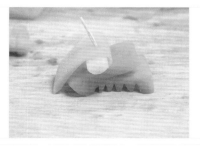

34

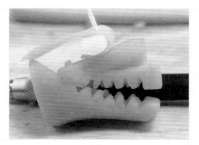

35

36

37

38

39

40. 如图将其摆好位置，然后用牙签在重叠的位置进行固定即可。

41. 将头的另一侧也做好后，用牙签将龙头和龙身进行连接，将葡萄塞入口中。

42. 如图做出龙的四只脚。

43. 两只小的为前腿，如图固定在身子的最低点上。

44. 将后腿也用牙签固定好。

45. 将其如图摆好，出水的小龙就做好了。

40

41

42

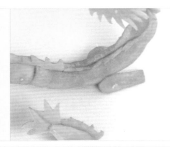
43

44

45

1. 将黄瓜和萝卜分别切成厚片。
2. 将这些厚片切出一个平的面，备用。
3. 将龙摆放好。
4. 如图，将萝卜片和黄瓜片一层层摆放好，做出浪花的效果。
5. 这样，飞龙出海就做好了。

1

2

3

4

5

小青蛇

材料及工具介绍

西兰花、甜瓜、白薯、荔枝叶子

果丹皮

案板

水果刀

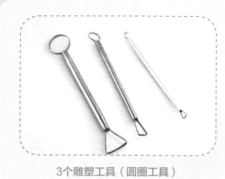

3个雕塑工具（圆圈工具）

雕刻刀

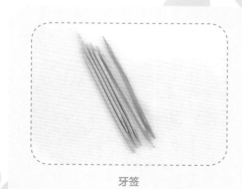

牙签

剪刀

小蛇的制作步骤

1. 取甜瓜和中号圆圈工具。

2. 将圆圈工具切入甜瓜中。

3. 如图，让圆圈工具在甜瓜内绕圈滑动。

4. 直至转到最上方为止。

5. 将圆圈工具沿之前的路线退出甜瓜。

6. 将多余的甜瓜小心地分开。

1

2

3

4

5

6

7. 将甜瓜头部如图雕出小蛇的头。

8. 将蛇头以下的部分如图处理好。

9. 用果丹皮如图切出小蛇的眼睛和舌头。

10. 用牙签将眼睛和舌头固定。

11. 小蛇就做好了。

7

8

9

10

11

场景的制作和组合

1. 将白薯如图切好。
2. 如图摆好。
3. 将小蛇如图放好。
4. 将西兰花分成一簇簇的。
5. 将处理好的西兰花如图铺出草地。
6. 用荔枝叶子做些装饰。
7. 小青蛇场景就做好了。

1

2

3

4

5

6

7

小马拉车

材料及工具介绍

胡萝卜、西兰花、南瓜、紫薯

牙签

雕刻刀

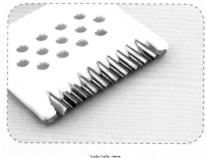

波浪刀

水果刀

案板

剪刀

小马的制作步骤

1. 将紫薯如图切成一厚一薄两片。
2. 将厚片切成半圆，再用紫薯如图切出4个长方体。
3. 将4个长方体的一端如图斜切。
4. 用牙签将其与半圆形的紫薯如图连接，小马的身子和四肢就做好了。
5. 用薄片紫薯切出小马的头、脖子和尾巴，准备4片大圆和2片小圆以及2个三角形的耳朵。
6. 在身子和头上插上牙签。
7. 将耳朵、脖子和尾巴如图连接好。

1

2

3

4

5

6

7

8. 在脖子上插上牙签。

9. 将头与脖子连接好。

10. 如图插上牙签。

11. 将6个圆片如图固定好，做出小马的脸颊、胸部和臀部。

12. 将一薄片紫薯的一边切出波浪形，做小马的鬃毛。

13. 在小马的背部切出一个小槽。

14. 将鬃毛插入槽中。

15. 用南瓜皮剪出菱形的眼睛，如图贴好，小马就做好了。

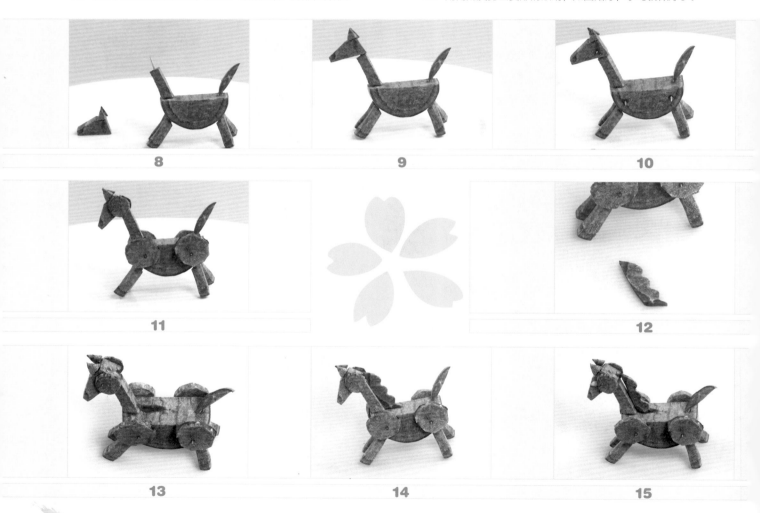

8

9

10

11

12

13

14

15

小车的制作步骤

1. 在南瓜上用雕刻刀画出门和窗户。

2. 用雕刻刀按所画的痕迹刻透，然后将南瓜籽取出。

3. 将刻掉的门切半后，如图再放回原位，做出南瓜车的门。

4. 将胡萝卜的两端切出两大两小4片圆片。

5. 用雕刻刀如图镂刻出车轮。

6. 用牙签固定出两根同南瓜一样宽的长方条。

1

2

3

4

5

6

7. 如图将其与车轮连接好。

8. 后车轮如图，用牙签与南瓜连接即可。

9. 前车轮如图，用牙签穿过一小截胡萝卜与南瓜车连接即可。

10. 这样，南瓜车就做好了。

7

8

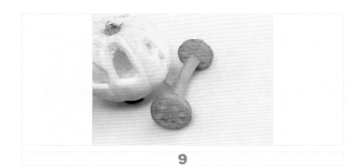

9

10

场景的制作和组合

1. 将西兰花分成一簇簇的。
2. 如图，将马车和小马摆好，然后用高低不同的西兰花做出大树
   和灌木的背景，小马与南瓜车的场景就做好了。

1

2

草地上的小羊

西兰花、菜花、金针菇、苋菜

海苔

牙签

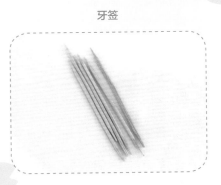

剪刀

水果刀

案板

1. 将菜花分解后，如图准备一块长茎的菜花做脖子和头，较大的做身子，4块小的做身子的四周，一小段茎做脸。
2. 将长茎的菜花、最大的做身子的菜花和一小朵菜花用牙签串在一起。
3. 将多余的牙签剪断。
4. 将牙签的一端扎进一小朵菜花。
5. 另一端牙签插入小羊的身体，并将多余的牙签剪断。
6. 在明显空隙的部分插上牙签。

1

2

3

4

5

6

7. 留一小段牙签，将多余的牙签剪断。
8. 将剩余的两小朵菜花用牙签插在一起，将身上的空隙都填上菜花，让小羊的身体看起来更加丰满。
9. 在菜花的茎上插上牙签，在长茎菜花上用牙签扎个洞。
10. 将菜花茎做的脸如图插好。
11. 用第1~10步的方法做出两只小羊。
12. 用海苔剪出菱形的眼睛，如图给两只小羊贴好。

7

8

9

10

11

12

场景的制作和组合

1. 如图，将一整颗西兰花的叶子分下来，再分出一些小簇的西兰花。

2. 如图，将分下来的西兰花的长茎切下。

3. 处理出一些备用。

4. 将大颗的西兰花和处理好的小簇西兰花如图摆在盘子中，做出草地和森林的样子。

5. 取出苋菜、西兰花叶子和小棵的西兰花。

6. 如图将苋菜和西兰花的叶子插入草地的缝隙里。

7. 用小的西兰花将其填实。

8. 这样草地中的矮株植物就做好了。

9. 将金针菇如图裁去过长的部分。

10. 将金针菇插入草地的缝隙中，做出白色的小花。

11. 将小羊放进场景中，草地上的小羊就完成了。

1

2

3

4

5

6

7

8

9

10

11

小猴望海

西兰花、白薯、紫薯、胡萝卜、茄子

水果刀

案板

3个雕塑工具（圆圈工具）

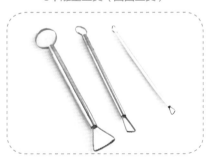

雕刻刀

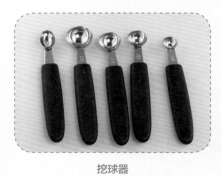

挖球器

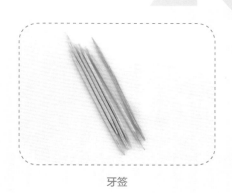

牙签

剪刀

1. 如图，用直径为3.0 cm的挖球器将紫薯、白薯各挖两个半圆。

2. 用3.0 cm的挖球器在挖过的地方再浅浅地挖一下。

3. 挖出一个弧状的薄片。

4. 将薄片套在一个半圆的白薯上面，小猴的身子就准备好了。

5. 将剩下的三个半圆如图放回挖球器中并用刀削平，这样就可以使三个半圆大小一样了。

6. 取出一个紫薯半圆和一个白薯半圆，如图在同样的位置用3.0 cm的挖球器将紫薯切断，而白薯切到一半即可。

1

2

3

4

5

6

7. 用刀将插有挖球器的白薯上半部分如图削掉。

8. 削成图上的样子即可。

9. 将挖球器取下，小猴子突起的鼻子和嘴就好了。

10. 用雕刻刀将棱削圆滑。

11. 这样小猴子嘟嘟的嘴就做好了。

12. 如图标记出小猴子眼睛的位置。

13. 用椭圆形的挖球器按照所画的位置挖下。

7

8

9

10

11

12

13

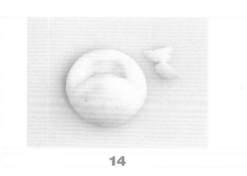

14

14. 挖好后如图所示。

15. 取紫薯月牙形部分，同样标记出眼睛的位置。

16. 用椭圆形挖球器按照所画的位置挖下。

17. 形成如图所示的样子。

18. 如图，用雕刻刀沿白薯上眼睛的轮廓将多余的部分切掉。

19. 将紫薯和白薯合在一起。

20. 用牙签如图扎入。

15　　　　　　　　16　　　　　　　　17

18　　　　　　　　19　　　　　　　　20

21. 将两部分合在一起后，将多余的牙签剪掉。

22. 取出最后一块半圆的紫薯，如图与做好的猴子脸合在一起。

23. 如图用牙签扎上进行连接。

24. 将多余的牙签剪掉。

25. 同第2步的方法，用1.5 cm和2.2 cm的挖球器各挖出两片弧形薄片。

26. 如图分别插上牙签。

21

22

23

24

25

26

27. 将2.2 cm的挖球器所挖的弧形薄片，如图插在身子的一侧，做出猴子的臀部。

28. 将1.5 cm的挖球器所挖的弧形薄片插入小猴头的两侧，这样猴子的耳朵就做好了。

29. 取出小号圆圈工具和小猴子的身子。

30. 在图上的位置插入小猴身体中。

31. 一直向下削，从身子底部削出来。

32. 将削掉的小圆柱形取走。

27

28

29

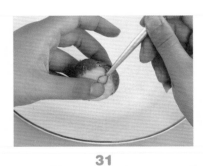

30

31

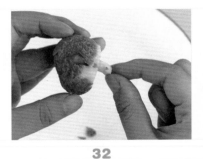

32

33. 另一侧也同样处理。

34. 这样就能分出小猴子的前腿和后腿了。

35. 用椭圆形挖球器如图挖下。

36. 这样两条前腿就出来了。

37. 在身子的上端插上牙签。

38. 将头插在身子上。

39. 用小号圆圈工具插入紫薯中。

33

34

35

36

37

38

39

40

40. 划出"S"形。
41. 将其取出，"S"形的尾巴就做好了。
42. 用紫薯切出两个小方块做小猴子的眼睛。
43. 给眼睛和尾巴插上牙签。
44. 将眼睛插好。
45. 将尾巴固定好。
46. 一只小猴子就做好了。

41

42

43

44

45

46

1. 如图，削出一些白薯皮放在盘子中，然后将胡萝卜较大的一端如图削平。

2. 将胡萝卜如图立于盘中。

3. 将茄子如图削出长椭圆形的皮。

4. 将茄子皮的边缘剪开。

5. 用牙签将茄子皮穿在一起。

6. 然后插在胡萝卜的顶部。

1

2

3

4

5

6

7. 用1.5 cm的挖球器挖出4个半圆，然后将其用牙签组合成两个圆球。

8. 将其插入茄子皮的下面，椰子树就做好了。

9. 将西兰花如图分成一簇簇的。

10. 将处理好的西兰花，如图堆在各缝隙处，做出地面生长的小草。

11. 将猴子放在椰子树下。

12. 小猴望海就做好了。

7　　　　　　　　8　　　　　　　　9

10　　　　　　　　11　　　　　　　　12

雏鸡

材料及工具介绍

白薯、胡萝卜、蛋壳、西兰花、干黄花

海苔

剪刀

水果刀

案板

雕刻刀

挖球器

牙签

擦花器

1. 如图，用1.5 cm的挖球器挖出一个白薯半圆。

2. 准备出2.2 cm的挖球器。

3. 在挖过半圆的位置，再次挖下。

4. 挖的时候注意让2.2 cm的空心半圆四壁厚度均匀，不要挖漏。

5. 将白薯换个位置，准备3.0 cm的挖球器。

1

2

3

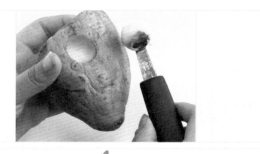

4

5

6. 如图挖出一个3.0 cm的半圆。

7. 如图将半圆放入挖球器中，然后用刀将半圆削平。

8. 这样出来的半圆方便制作圆球。

9. 准备两个削平的3.0 cm的半圆。

10. 如图插上牙签。

11. 将两个半圆连接起来，一个圆球就做好了。

6

7

8

9

10

11

12. 将空心的2.2 cm半圆的白薯去掉皮。
13. 用擦花器擦出锯齿状的花边，也可以用雕刻刀刻出锯齿状的花边。
14. 这样小鸡的头就准备好。
15. 将牙签如图插在圆球上。
16. 用牙签将小鸡的头与身子连接好。
17. 准备牙签、圆形的白薯和胡萝卜片，以及三角形胡萝卜做的小鸡的嘴。

12

13

14

15

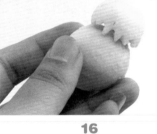

16

17

18. 将胡萝卜片和白薯如图叠在一起，将牙签如图掰断。
19. 将牙签如图斜插入白薯皮和胡萝卜片中。
20. 如图将小鸡连接好。
21. 在小鸡嘴的位置插上牙签。
22. 将准备好的三角形胡萝卜如图插好，小鸡的嘴就做好了。
23. 将圆形胡萝卜片如图切成两个菱形。

| 18 | 19 | 20 |

| 21 | 22 | 23 |

24. 如图刻出小鸡的爪子。

25. 用海苔剪出两个菱形的眼睛。

26. 将眼睛如图贴在小鸡的头上。

27. 准备两个椭圆形的白薯片当小鸡的翅膀。

28. 如图，用牙签将翅膀与身子固定好。

29. 将多余的牙签剪掉，一只小鸡就做好了。

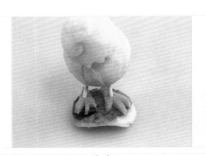

24

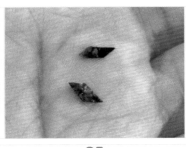

25

26

27

28

29

1. 将西兰花如图分解。

2. 多准备一些。

3. 如图，准备出两只站着的小鸡和一只没有腿的小鸡。

4. 将干黄花如图摆成小鸡的窝。

5. 将碎鸡蛋壳如图摆在鸡窝中。

6. 将没有腿的小鸡放入蛋壳中，做出刚出壳的样子。

7. 将两只能站立的小鸡摆在窝的旁边。

8. 将盘子空白的地方平铺上处理好的西兰花，做出草地的样子。

9. 这样，雏鸡的场景就做好了。

1

2

3

4

5

6

7

8

9

小狗藏骨头

材料及工具介绍

西兰花、白薯、紫薯

擦格子花刀

剪刀

水果刀

案板

雕刻刀

挖球器

牙签

3个雕刻工具（圆圈工具）

1. 将白薯切1.5 cm左右厚的片，然后准备出小号和中号的圆圈工具。
2. 将圆圈工具如图按下。
3. 做出一大一小两个圆柱形。

4. 换个角度再削几回，使圆柱更加圆滑。
5. 这样一大一小两个圆柱就做好了。
6. 用1.5 cm的挖球器如图压入白薯中旋转。

1

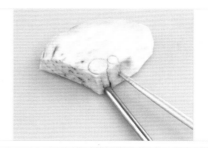

2

3

4

5

6

7. 挖出一个半圆形。

8. 用挖球和做圆柱的方法，如图挖出6个半圆、3个中号圆柱、7个小号圆柱和2个水滴形的小狗耳朵。

9. 将3个小圆柱和2个中圆柱切短。

10. 将一个中圆柱如图用中号圆圈工具在两面切出圆弧。

11. 形成如图所示的形状。

12. 如图，用小号圆圈工具将4个长的小圆柱和2个短的小圆柱的一端切成弧形，1个小圆柱两端切出弧形，准备制作小狗的脖子。

13. 将两端为弧形的中圆柱如图插上牙签。

7

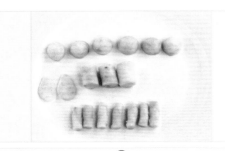

8

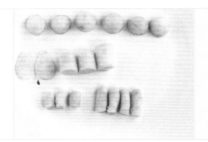

9

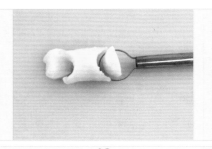

10

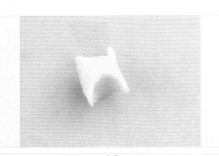

11

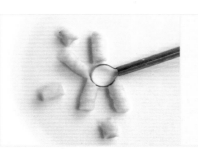

12

13

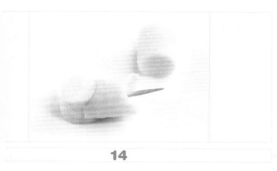

14

14. 一端与一个圆柱连接起来。

15. 另一端与另一个圆柱连接起来。

16. 将4根长的小圆柱和1根短的小圆柱如图插上牙签。

17. 如图,将四肢和尾巴与身子连接在一起。

18. 将两半圆如图插上牙签,再将一个小段小圆柱插上牙签作为小狗的鼻子,并准备出小狗的耳朵。

19. 将两个半圆连接起来,形成一个椭圆形,再将两侧的耳朵固定住。

20. 将小狗的鼻子如图插好。

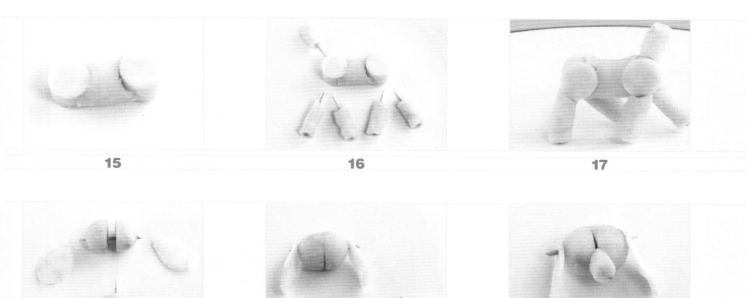

15   **16**   **17**

18   **19**   **20**

21. 如图将小狗的脖子和4个半圆插上牙签。

22. 将脖子与头连接好，再将四个半圆如图插好。

23. 将脖子与身子连接好，小狗的形态就出来了。

24. 用紫薯如图准备出小狗的菱形眼睛和鼻子。

25. 如图给眼睛和鼻子插上牙签。

26. 将眼睛和鼻子如图插在头部的相应位置。

27. 一只小狗就做好了。

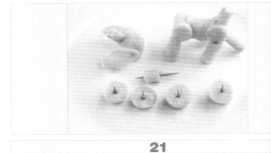
21

22

23

24

25

26

27

1. 准备好擦格子花刀，将紫薯切出一个平面，然后如图擦一下。

2. 将紫薯逆时针旋转90° 再擦下去。

3. 就擦出了格子状的花片。

4. 擦出几片完整的格子花片。

5. 用白薯做出3块如图小骨头。

6. 将白薯皮如图摆在盘子中。

1

2

3

4

5

6

7. 用3.0 cm的挖球器按图上的位置挖一个坑。

8. 将白薯皮切成碎末备用。

9. 将西兰花如图分解。

10. 将每一小棵西兰花如图分解。

11. 分成一小簇一小簇的。

12. 取一棵大西兰花做出大树的样子，如图摆好。

13. 在大树的两侧将紫薯格子如图摆放，作为栅栏。

7

8　　　　　　　　　　9　　　　　　　　　　10

11　　　　　　　　　　12　　　　　　　　　　13

14. 用小簇的西兰花进行固定。

15. 如图做出一排栅栏。

16. 用西兰花将白薯间的缝线填满，做出参差不齐的草地。

17. 将小骨头放入挖好的坑中。

18. 将小狗放在坑的旁边。

19. 将白薯皮的碎屑撒在坑的四周，做出刨开的地面的感觉。

20. 这样，小狗藏骨头的场景就做好了。

14

15

16

17

18

19

20

小猪搭草屋

材料及工具介绍

西兰花、白薯、紫薯、干黄花

擦格子花刀

剪刀

水果刀

案板

雕刻刀

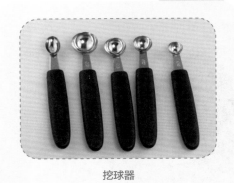

挖球器

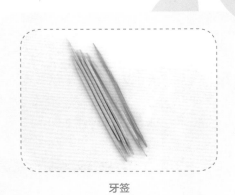

牙签

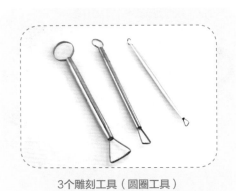

3个雕刻工具（圆圈工具）

小猪的制作步骤

1. 如图，将白薯削出一个平面，并准备3.0 cm的挖球器。
2. 将3.0 cm的挖球器插入白薯，旋转挖出一个半圆。
3. 准备两个3.0 cm的半圆和一根牙签。
4. 将牙签截取适当的长度插入一个半圆中。
5. 将两个半圆连接起来形成一个椭圆形。
6. 用1.5 cm的挖球器挖出半圆并切平。
7. 将1.5 cm半圆的弧面用挖球器旋转挖一下。

1

2

3

4

5

6

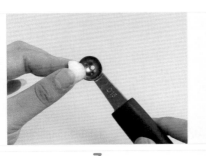

7

8. 挖出一个凹面。

9. 在平整的一面扎两个洞，小猪的鼻子就做出来了。

10. 如图，切出两个梯形，准备制作小猪的耳朵。

11. 如图，用雕刻刀将梯形削成"V"形。

12. 用雕刻刀如图将左侧耳朵的右面的一个角切掉形成一个弧面，再将右侧耳朵的左面的一个角切掉形成一个弧面。使其能看出弯折的效果，这样两只小猪的耳朵也做好了。

13. 用小号圆圈工具削出4个小圆柱形。

14. 将圆柱形处理一下，做出小猪的四只蹄子。

8

9

10

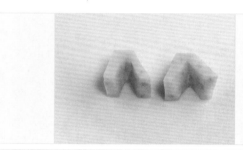

11

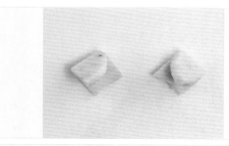

12

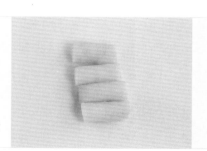

13

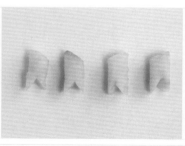

14

15

15. 用紫薯如图切出小猪的两只眼睛，再用雕刻刀刻出一片月牙形的小猪尾巴。

16. 将小猪的耳朵、眼睛、鼻子、四肢和尾巴如图插好牙签。

17. 将眼睛、鼻子、耳朵如图扎在椭圆形身子的一头。

18. 另一头如图插上尾巴。

19. 将四肢也如图插好，并将多余的牙签剪掉。

20. 一只小猪就做好了。

21. 需做出两只小猪备用。

16

17

18

19

20

21

场景的制作和组合

1. 削出一些白薯皮并如图摆在盘中。

2. 如图，准备6根长度一样的牙签和5个方形的小白薯粒。

3. 用白薯粒将牙签固定，搭成小房子形。

4. 再搭出一个小房子，然后准备3根牙签。

5. 将3根牙签如图插好。

6. 将两个小房子连接在一起，一个立体房子的骨架就做好了。

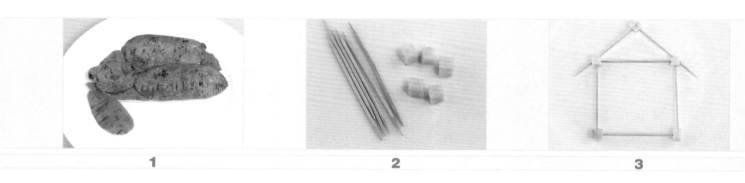

1　　　　　2　　　　　3

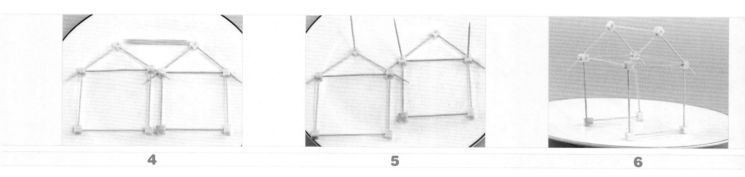

4　　　　　5　　　　　6

7. 将房子最下面固定用的两根牙签撤掉，将房子插入摆好盘的白薯皮上。

8. 准备好格子花刀，将白薯擦丝。

9. 纵向擦下一片。

10. 将白薯横过来擦。

11. 这样来回调转方向擦丝，就可以擦出格子形的白薯片。

12. 将擦出的格子花片整理出3片与牙签等长的长方形栅栏，以及一片小一些的栅栏。

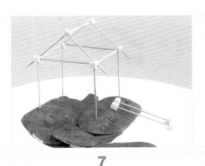

7

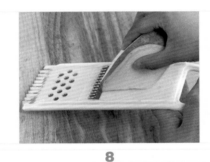

8

9

10

11

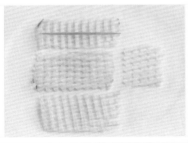

12

13. 如图，用牙签将栅栏固定在白薯皮上。

14. 给房子做出护栏。

15. 将干黄花如图弯成"L"形。

16. 将这些干黄花盖在房顶上。

17. 准备一些短小的干黄花和一根泡软一些的干黄花。

18. 用泡软了的黄花将其他干黄花捆起来。

13

14

15

16

17

18

19. 捆好三捆干黄花作为稻草。

20. 准备一小簇西兰花。

21. 将西兰花如图铺在小屋的后面。

22. 用西兰花将小屋的前面也铺出草地。

23. 将3捆干稻草如图摆在房子边上。

24. 将小猪如图放入场景中，小猪搭草屋的场景就拼好了。

19

20

21

22

23

24

鸭妈妈与小鸭们

丰水梨、小个儿的青苹果

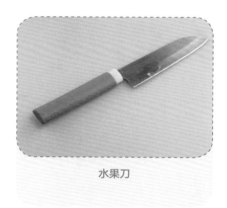

水果刀

案板

筷子

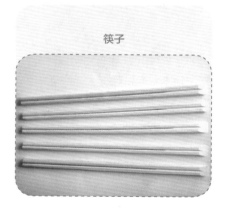

鸭妈妈与小鸭们的制作步骤

1. 将丰水梨如图切成三份。

2. 将两侧的梨对齐，用刀如图切开。

3. 这样就得到两块一样大小的梨了。

4. 取其中一块梨如图放好，梨的两侧各放一根筷子。

5. 如图用刀切筷子宽度的片，因为有筷子在下面方垫着，所以一刀切下不会将梨切断。

6. 然后将梨放倒，使其另一个切面接触案板。

7. 同样用刀切片。

1

2

3

4

5

6

7

8. 得到一个"L"形的切面。

9. 剩下的梨还是用同样的方法放置。

10. 再切出一个"L"形的切面。

11. 用同样的方法直至切出最后一片。

12. 将切出的梨片合在一起，然后如图撑开，形成鸭子的翅膀。

13. 切出中间的一片梨，然后用雕刻刀如图划出鸭子头的形状。

14. 按划出的印记将鸭子的头切出。

8

9

10

11

12

13

14

15

15. 如图准备好鸭子的翅膀和头。

16. 将头夹在两侧翅膀中间。

17. 准备两粒梨籽。

18. 将梨籽扎在头部做眼睛。

19. 这样，一只鸭子就做好了。

20. 用同样的方法将两个小苹果做成两只小鸭子。

21. 这样，鸭妈妈与孩子们就做好了。

16

17

18

19

20

21

林间小路

西兰花、菜花、玫瑰香葡萄、土豆皮、荔枝叶子

水果刀

案板

1. 将土豆皮如图摆入盘中。
2. 将西兰花分成一只只的，用刀将长长的茎切掉。
3. 准备若干处理好的西兰花。
4. 将西兰花围绕着土豆皮摆好。

5. 在一些缝隙中点缀几粒葡萄。
6. 将小棵菜花如图插在西兰花的缝隙中做装饰。
7. 用荔枝叶子做成一棵比较矮的小树，如图插入西兰花缝隙中。
8. 这样，小路、草地、花朵、小树所组成的林间小路就做好了。

1

2

3

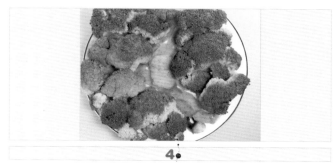

4

5

6

7

8

庭院小屋

哈密瓜

西兰花

胡萝卜

紫薯

黄瓜

剪刀

水果刀

案板

波浪刀

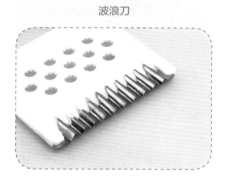

擦格子花刀

牙签

花朵的制作步骤

1. 将黄瓜、胡萝卜、紫薯如图分别削成薄片。

2. 用波浪刀如图将胡萝卜片和紫薯片的一边切出波浪。

3. 取出紫薯片，将其卷起。

4. 用牙签如图固定，这样一朵紫色的小花就做好了。

5. 取胡萝卜片卷起后用牙签固定，两朵小花就做好了。多做几朵小花备用。

6. 将黄瓜皮剪成菱形的叶子备用，组合场景时可以装饰花朵。

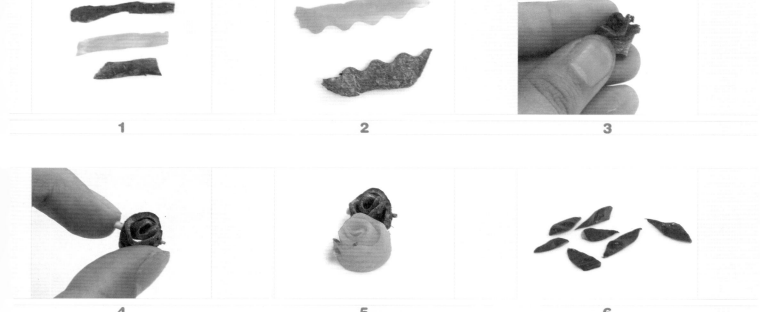

花坛的制作步骤

1. 如图，将胡萝卜大头的一端切下，再准备一片小一些的圆片、一个圆柱和一根牙签。

2. 将牙签插入圆柱中。

3. 以圆柱为连接，将胡萝卜头和圆片连接在一起。

4. 一个花坛的形状就做出来了。

5. 如图准备两片大小不同的圆片。

6. 用牙签穿透最小的圆片。

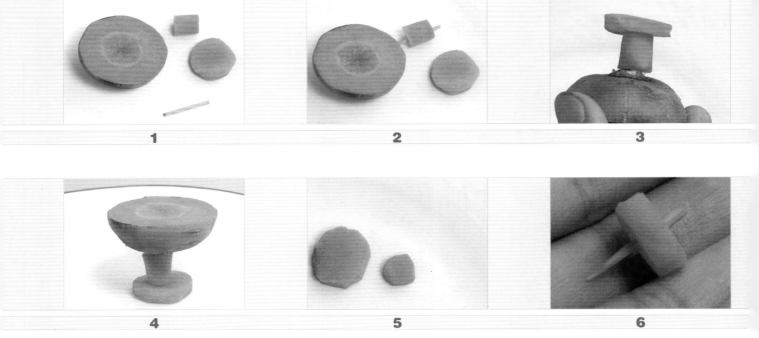

1   2   3

4   5   6

7. 在大一些的圆片上如图插上牙签。

8. 将小圆片和大圆片连接起来。

9. 插在花坛上，用来固定花坛上的小花们。

10. 如图先摆一圈叶子。

11. 将做好的小花如图固定在牙签上。

12. 这样第一排小花就插好了。

| 7 | 8 | 9 |

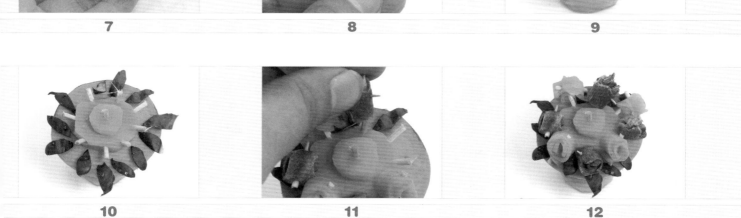

| 10 | 11 | 12 |

13. 摆一层叶子。

14. 再插一层花。

15. 再摆一层叶子，将最后一朵花如图放好。

16. 小花坛就做好了。

13

14

15

16

小屋的制作步骤

1. 如图，准备黄瓜片、紫薯碎屑和哈密瓜皮。
2. 将紫薯碎屑、黄瓜片和哈密瓜皮如图铺在盘子中。
3. 用饼干模具如图切出一朵紫薯小花，再准备一片半椭圆形的哈密瓜片，如图压出一朵花的形状。
4. 将紫薯小花如图切开。
5. 根据压掉小花形状的哈密瓜片大小，如图切出一块哈密瓜。
6. 如图盖上。
7. 用牙签如图进行固定。

1

2

3

4

5

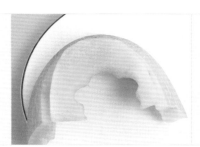

6

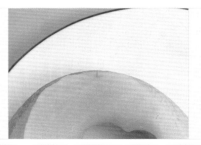

7

8. 用擦格子花刀如图将胡萝卜擦出两个小栅栏。

9. 擦出两个小窗户。

10. 将哈密瓜皮如图切成3片长方形,准备制作小路。

11. 给紫薯小花插上牙签。

12. 将小花固定在盘子中的哈密瓜皮上。

13. 切出两片方形的哈密瓜皮做门把手,如图贴在小花上。

14. 将废料垫在较低的盘子上,再用牙签如图扎在哈密瓜皮上准备连接小房子。

15. 将固定好的哈密瓜固定在哈密瓜皮上,注意哈密瓜上的

镂空小花要与紫薯小花套在一起。

16. 用牙签连接胡萝卜栅栏和哈密瓜皮。

17. 将栅栏固定好。

18. 在如图位置插上两根牙签。

19. 将紫薯小窗户固定住。

20. 另外一个小窗户也同样固定好。

21. 将哈密瓜皮做的小路铺好。

22. 这样,小屋就做好了。

8

9

10

11

12

13

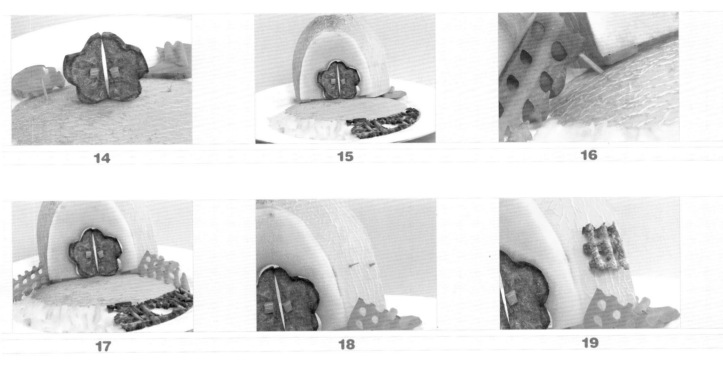

14 15 16

17 18 19

20 21 22

1. 在图上所示的位置插上牙签。
2. 将一朵小花固定在牙签上。
3. 用同样的方法将其他小花也如图摆好，再装饰些叶子。
4. 将做好的花坛放在如图所示的位置。
5. 将小棵西兰花摆成小草和小树装饰庭院。
6. 用几棵大西兰花放在小屋后面做背景树。
7. 这样，庭院小屋就组合好了。

1

2

3

4

5

6

7